項目	学習日 月／日	問題番号&チェック	メモ	検印
14	／	40　41		
15	／	42　43　44		
16	／	45　46		
17	／	47　48		
18	／	49　50　51		
19	／	52　53　54		
20	／	55　56		
21	／	57　58　59		
22	／	60　61　62		
23	／	63　64　65		

JN109058

この問題集で学習するみなさんへ

　本書は，教科書「新編数学B」に内容や配列を合わせてつくられた問題集です。教科書と同程度の問題を選んでいるので，本書にある問題を反復練習することによって，基礎力を養い学力の定着をはかることができます。

　学習項目は，教科書の配列をもとに内容を細かく分けています。また，各項目は以下のような見開き2ページで構成されています。

基本的で重要な問題を例としてとり上げ，模範解答もつけました。例を解く上で大切なポイントや，補足説明なども入れています。

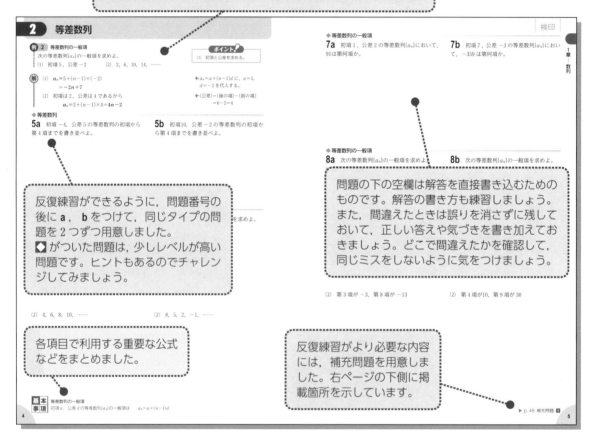

反復練習ができるように，問題番号の後に a，b をつけて，同じタイプの問題を2つずつ用意しました。
◆ がついた問題は，少しレベルが高い問題です。ヒントもあるのでチャレンジしてみましょう。

問題の下の空欄は解答を直接書き込むためのものです。解答の書き方も練習しましょう。また，間違えたときは誤りを消さずに残しておいて，正しい答えや気づきを書き加えておきましょう。どこで間違えたかを確認して，同じミスをしないように気をつけましょう。

各項目で利用する重要な公式などをまとめました。

反復練習がより必要な内容には，補充問題を用意しました。右ページの下側に掲載箇所を示しています。

二次元コードを読み取ると，既習事項が復習できる Web アプリや，解説動画などのコンテンツが利用できます。

　巻末には略解があるので，自分で答え合わせができます。詳しい解答は別冊で扱っています。

　また，巻頭にある「学習記録表」に学習の結果を記録して，見直しのときに利用しましょう。間違えたところや苦手なところを重点的に学習すれば，効率よく弱点を補うことができます。

もくじ _____ contents

問題総数　162題

例 23題, 問題 a, b 各65題,
補充問題 9題

例 1 数列とその項

一般項が $a_n = 2n + 3$ である数列 $\{a_n\}$ の初項から第4項までを求めよ。

(解)

$a_1 = 2 \times 1 + 3 = 5$

$a_2 = 2 \times 2 + 3 = 7$

$a_3 = 2 \times 3 + 3 = 9$

$a_4 = 2 \times 4 + 3 = 11$

$\leftarrow a_1 = 2 \times \boxed{1} + 3$

$\leftarrow a_2 = 2 \times \boxed{2} + 3$

$\leftarrow a_3 = 2 \times \boxed{3} + 3$

$\leftarrow a_4 = 2 \times \boxed{4} + 3$

◆ 数列とその項

1a 次の数列の規則をみつけ，□にあてはまる数を記入せよ。

(1) $4,\ 9,\ 16,\ \boxed{},\ 36,\ \cdots\cdots$

(2) $2,\ 6,\ 10,\ 14,\ \boxed{},\ \cdots\cdots$

(3) $1,\ -3,\ 9,\ \boxed{},\ 81,\ \cdots\cdots$

(4) $0,\ 1,\ 3,\ 6,\ 10,\ \boxed{},\ \cdots\cdots$

1b 次の数列の規則をみつけ，□にあてはまる数を記入せよ。

(1) $1,\ 8,\ 27,\ 64,\ \boxed{},\ 216,\ \cdots\cdots$

(2) $15,\ 11,\ 7,\ \boxed{},\ -1,\ \cdots\cdots$

(3) $128,\ 64,\ 32,\ \boxed{},\ 8,\ \cdots\cdots$

(4) $3,\ 4,\ 6,\ 10,\ 18,\ \boxed{},\ \cdots\cdots$

基本事項 数列と一般項

数列…………ある規則にしたがって並べられた数の列

項……………数列の各数　　　　　　　初項…………数列の第1項

有限数列……項の個数が有限である数列　　無限数列……項の個数が無限である数列

項数…………有限数列の項の個数　　　　末項…………有限数列の最後の項

一般項………数列の第 n 項 a_n が n の式で表されるときの式

◆ 数列の初項・末項・項数

2a 次の有限数列の初項, 末項, 項数を答えよ。

4, 7, 10, 13, 16, 19

2b 次の有限数列の初項, 末項, 項数を答えよ。

3, 5, 8, 12, 17, 23, 30, 38, 47

◆ 数列の一般項

3a 4 の正の倍数を小さい順に並べた数列

4, 8, 12, 16, ……

の一般項 a_n を n の式で表せ。

3b 初項 3 に 3 を次々に掛けてできる数列

3, 9, 27, 81, ……

の一般項 a_n を n の式で表せ。

◆ 数列とその項

4a 一般項が $a_n = 3n - 5$ で表される数列 $\{a_n\}$ の初項から第 5 項までを求めよ。

4b 一般項が $a_n = 2n^2 - n$ で表される数列 $\{a_n\}$ の初項から第 5 項までを求めよ。

2 等差数列

 例 2 等差数列の一般項

次の等差数列 $\{a_n\}$ の一般項を求めよ。

(1) 初項 5，公差 −2   (2) 2，6，10，14，……

ポイント!

(2) 初項と公差を求める。

解 (1) $a_n = 5 + (n-1) \times (-2)$
$$= -2n + 7$$

     $\leftarrow a_n = a + (n-1)d$ に，$a = 5$，$d = -2$ を代入する。

(2) 初項は 2，公差は 4 であるから
$$a_n = 2 + (n-1) \times 4 = 4n - 2$$

     $\leftarrow$（公差）＝（後の項）−（前の項）
$$= 6 - 2 = 4$$

◆ 等差数列

5a 初項 −4，公差 5 の等差数列の初項から第 4 項までを書き並べよ。

5b 初項 10，公差 −2 の等差数列の初項から第 4 項までを書き並べよ。

◆ 等差数列の一般項

6a 次の等差数列 $\{a_n\}$ の一般項を求めよ。また，第 8 項を求めよ。

(1) 初項 −2，公差 3

(2) 4，6，8，10，……

6b 次の等差数列 $\{a_n\}$ の一般項を求めよ。また，第 8 項を求めよ。

(1) 初項 4，公差 $-\dfrac{1}{2}$

(2) 8，5，2，−1，……

基本事項 等差数列の一般項

初項 a，公差 d の等差数列 $\{a_n\}$ の一般項は $a_n = a + (n-1)d$

◆等差数列の一般項

7a 初項 1，公差 2 の等差数列 $\{a_n\}$ において，91 は第何項か。

7b 初項 7，公差 -3 の等差数列 $\{a_n\}$ において，-359 は第何項か。

◆等差数列の一般項

8a 次の等差数列 $\{a_n\}$ の一般項を求めよ。

(1) 第 3 項が 8，第 7 項が 32

8b 次の等差数列 $\{a_n\}$ の一般項を求めよ。

(1) 第 2 項が 6，第 4 項が 0

(2) 第 3 項が -3，第 8 項が -13

(2) 第 4 項が 10，第 9 項が 30

▶ p.48 補充問題 **1**

等差数列 -6, -3, 0, ……, 51 の和 S を求めよ。

末項を第 n 項として，末項が第
何項にあたるかを考える。

(解) この等差数列の初項は -6，末項は 51，公差は 3 である。

51 を第 n 項とすると $\quad -6+(n-1)\times3=51$

よって $\quad n=20$

したがって $\quad S=\dfrac{1}{2}\times20\times(-6+51)=\mathbf{450}$

← 公差は $-3-(-6)=3$

← $S_n=\dfrac{1}{2}n(a+\ell)$

◆ 等差数列の和

9a 次の等差数列の和を求めよ。

(1) 1, 5, 9, 13, 17, 21, 25, 29

(2) 初項 5，公差 4，項数 15

(3) $-2, 1, 4, 7, \cdots\cdots$ の初項から第 n 項まで

9b 次の等差数列の和を求めよ。

(1) 8, 5, 2, -1, -4, -7

(2) 初項 -2，公差 3，項数 20

(3) $9, 7, 5, 3, \cdots\cdots$ の初項から第 n 項まで

基本事項 等差数列の和 　等差数列の初項から第 n 項までの和 S_n は，

初項 a，末項 ℓ のとき $\qquad S_n=\dfrac{1}{2}n(a+\ell)$

初項 a，公差 d のとき $\qquad S_n=\dfrac{1}{2}n\{2a+(n-1)d\}$

自然数の和 $\qquad 1+2+3+\cdots\cdots+n=\dfrac{1}{2}n(n+1)$

奇数の和 $\qquad 1+3+5+\cdots\cdots+(2n-1)=n^2$

◆ 等差数列の和

10a 次の等差数列の和 S を求めよ。

　$-2,\ 3,\ 8,\ \cdots\cdots,\ 83$

10b 次の等差数列の和 S を求めよ。

　$9,\ 7,\ 5,\ \cdots\cdots,\ -29$

◆ 倍数の和

11a 　1 から100までの自然数のうち，8 の倍数の和 S を求めよ。

11b 　1 から200までの自然数のうち，7 の倍数の和 S を求めよ。

▶ p.48 補充問題 **2**

4 等比数列の一般項

次の等比数列 $\{a_n\}$ の一般項を求めよ。

(1) 初項 5，公比 3　　　　(2) 2，−6，18，−54，……

ポイント！

(2) 初項と公比を求める。

解 (1) $a_n = 5 \times 3^{n-1}$

(2) 初項は 2，公比は −3 であるから
$$a_n = 2 \times (-3)^{n-1}$$

← $a_n = ar^{n-1}$ に，$a=5$，$r=3$ を代入する。

← 公比は $\dfrac{-6}{2} = -3$

◆ **等比数列**

12a 初項32，公比 $\dfrac{1}{2}$ の等比数列の初項から第 4 項までを書き並べよ。

12b 初項 −2，公比 −3 の等比数列の初項から第 4 項までを書き並べよ。

◆ **等比数列の一般項**

13a 次の等比数列 $\{a_n\}$ の一般項を求めよ。また，第 6 項を求めよ。

(1) 初項 2，公比 $\dfrac{1}{3}$

13b 次の等比数列 $\{a_n\}$ の一般項を求めよ。また，第 6 項を求めよ。

(1) 初項 6，公比 −2

(2) 8，4，2，1，……

(2) 1，$\sqrt{2}$，2，$2\sqrt{2}$，……

基本事項 等比数列の一般項

初項 a，公比 r の等比数列 $\{a_n\}$ の一般項は　　$a_n = ar^{n-1}$

◆等比数列の一般項

14a 初項 4，公比 3 の等比数列において，324は第何項か。

14b 初項 −3，公比 −2 の等比数列において，−48は第何項か。

◆等比数列の一般項

15a 第 2 項が 6，第 4 項が24の等比数列 $\{a_n\}$ の一般項を求めよ。

15b 第 3 項が18，第 5 項が162の等比数列 $\{a_n\}$ の一般項を求めよ。

5 等比数列の和

例 5 等比数列の和

初項 8，公比 $-\dfrac{1}{3}$ の等比数列の初項から第 n 項までの和を求めよ。

解 $S_n = \dfrac{8\left\{1-\left(-\dfrac{1}{3}\right)^n\right\}}{1-\left(-\dfrac{1}{3}\right)} = \dfrac{8\left\{1-\left(-\dfrac{1}{3}\right)^n\right\}}{\dfrac{4}{3}}$

$=6\left\{1-\left(-\dfrac{1}{3}\right)^n\right\}$

← (公比)≠1 のときの公式

$S_n = \dfrac{a(1-r^n)}{1-r}$

を利用する。

◆ 等比数列の和

16a 次の等比数列の和を求めよ。

(1) 初項 2，公比 3 の初項から第 5 項まで

16b 次の等比数列の和を求めよ。

(1) 初項 3，公比 4 の初項から第 5 項まで

(2) 初項 3，公比 -2 の初項から第 7 項まで

(2) 初項 32，公比 $\dfrac{1}{2}$ の初項から第 6 項まで

等比数列の和　初項 a，公比 r の等比数列の初項から第 n 項までの和 S_n は，

$r \neq 1$ のとき　$S_n = \dfrac{a(1-r^n)}{1-r} = \dfrac{a(r^n-1)}{r-1}$　　　$r=1$ のとき　$S_n = na$

◆等比数列の和

17a 次の等比数列の初項から第 n 項までの和を求めよ。

(1) 初項 1，公比 2

(2) 初項 3，公比 $\dfrac{1}{2}$

(3) 4，-12，36，-108，……

17b 次の等比数列の初項から第 n 項までの和を求めよ。

(1) 初項 6，公比 -2

(2) 初項 12，公比 $-\dfrac{1}{3}$

(3) 8，4，2，1，……

▶ p.49 補充問題 **4**

例 6 和の記号Σ

(1) $\displaystyle\sum_{k=1}^{5}(3k+2)$ を，Σを用いずに各項を書き並べて表せ。

(2) $3+6+9+\cdots\cdots+3n$ を，Σを用いて表せ。

解 (1) $\displaystyle\sum_{k=1}^{5}(3k+2)=(3\cdot1+2)+(3\cdot2+2)+(3\cdot3+2)+(3\cdot4+2)+(3\cdot5+2)$

$\qquad\qquad =5+8+11+14+17$

(2) 第 k 項が $3k$ で表される数列の初項から第 n 項までの和であるから

$\qquad 3+6+9+\cdots\cdots+3n=\displaystyle\sum_{k=1}^{n}3k$

◆ 自然数の2乗の和

18a 次の和を求めよ。

(1) $1^2+2^2+3^2+\cdots\cdots+6^2$

(2) $1^2+2^2+3^2+\cdots\cdots+14^2$

18b 次の和を求めよ。

(1) $1^2+2^2+3^2+\cdots\cdots+10^2$

(2) $1^2+2^2+3^2+\cdots\cdots+25^2$

◆ 自然数の2乗の和の利用

19a 次の和を求めよ。

$4^2+5^2+6^2+\cdots\cdots+9^2$

19b 次の和を求めよ。

$11^2+12^2+13^2+\cdots\cdots+19^2$

 自然数の2乗の和

$\qquad 1^2+2^2+3^2+\cdots\cdots+n^2=\dfrac{1}{6}n(n+1)(2n+1)$

和の記号Σ

$\qquad a_1+a_2+a_3+\cdots\cdots+a_n=\displaystyle\sum_{k=1}^{n}a_k$

◆和の記号Σ

20a 次の和を，Σを用いずに，各項を書き並べて表せ。

(1) $\displaystyle\sum_{k=1}^{5}(3k-2)$

(2) $\displaystyle\sum_{k=1}^{n}(-2)^k$

(3) $\displaystyle\sum_{i=1}^{n}(i^2+1)$

20b 次の和を，Σを用いずに，各項を書き並べて表せ。

(1) $\displaystyle\sum_{k=1}^{6}(k+1)^2$

(2) $\displaystyle\sum_{k=1}^{n}\frac{1}{k}$

(3) $\displaystyle\sum_{k=1}^{n-1}2k$

◆和の記号Σ

21a 次の和を，Σを用いて表せ。

(1) $5+7+9+\cdots\cdots+(2n+3)$

(2) $2+2^2+2^3+\cdots\cdots+2^n$

(3) $4^2+5^2+6^2+\cdots\cdots+(n+3)^2$

21b 次の和を，Σを用いて表せ。

(1) $3+7+11+\cdots\cdots+(4n-1)$

(2) $1+3+3^2+\cdots\cdots+3^{n-1}$

(3) $2\cdot3+3\cdot4+4\cdot5+\cdots\cdots+(n+1)(n+2)$

例 7 Σの計算

次の和を求めよ。

(1) $\displaystyle\sum_{k=1}^{30} k$　　　　(2) $\displaystyle\sum_{k=1}^{n} 5^k$　　　　(3) $\displaystyle\sum_{k=1}^{n}(2k-5)$

解　(1) $\displaystyle\sum_{k=1}^{30} k = \frac{1}{2}\times 30\times(30+1) = \mathbf{465}$　　　　←$\displaystyle\sum_{k=1}^{n} k = \frac{1}{2}n(n+1)$

　　(2) $\displaystyle\sum_{k=1}^{n} 5^k = \frac{5(5^n-1)}{5-1} = \frac{5}{4}(5^n-1)$　　　　←$\displaystyle\sum_{k=1}^{n} 5^k$ は，初項 5，公比 5，項数 n の等比数列の和である。

　　(3) $\displaystyle\sum_{k=1}^{n}(2k-5) = 2\sum_{k=1}^{n}k - \sum_{k=1}^{n}5 = 2\times\frac{1}{2}n(n+1) - 5n$　　　　←c が定数のとき $\displaystyle\sum_{k=1}^{n}c = nc$

　　　　　　$= n(n+1) - 5n = n\{(n+1)-5\} = \mathbf{n(n-4)}$

◆ Σの計算

22a 次の和を求めよ。

(1) $\displaystyle\sum_{k=1}^{15} k$

(2) $\displaystyle\sum_{k=1}^{n+1} k^2$

22b 次の和を求めよ。

(1) $\displaystyle\sum_{k=1}^{6} k^2$

(2) $\displaystyle\sum_{k=1}^{2n} k$

◆ Σで表された等比数列の和

23a 次の和を求めよ。

(1) $\displaystyle\sum_{k=1}^{6} 3^{k-1}$

(2) $\displaystyle\sum_{k=1}^{n} 3\cdot 2^{k-1}$

23b 次の和を求めよ。

(1) $\displaystyle\sum_{k=1}^{n} 4\cdot 3^{k-1}$

(2) $\displaystyle\sum_{k=1}^{n} 2^{k+1}$

　自然数の和，自然数の 2 乗の和

　　　$\displaystyle\sum_{k=1}^{n} k = \frac{1}{2}n(n+1)$　　　　　$\displaystyle\sum_{k=1}^{n} k^2 = \frac{1}{6}n(n+1)(2n+1)$

　Σの性質

　① $\displaystyle\sum_{k=1}^{n}(a_k+b_k) = \sum_{k=1}^{n}a_k + \sum_{k=1}^{n}b_k$　　② $\displaystyle\sum_{k=1}^{n}ca_k = c\sum_{k=1}^{n}a_k$　　ただし，c は定数

◆ Σの計算

24a 次の和を求めよ。

(1) $\displaystyle\sum_{k=1}^{10}(3k-1)$

(2) $\displaystyle\sum_{k=1}^{n}(2k+3)$

(3) $\displaystyle\sum_{k=1}^{n-1}(4k+6)$

24b 次の和を求めよ。

(1) $\displaystyle\sum_{k=1}^{20}(5k+1)$

(2) $\displaystyle\sum_{k=1}^{n}(8k-7)$

(3) $\displaystyle\sum_{k=1}^{n-1}(3k-1)$

▶ p.50 補充問題 **5**

例 8 Σの計算

次の和を求めよ。

$$\sum_{k=1}^{n}(k+1)(k-1)$$

ポイント!

第 k 項を展開してから，Σの性質を利用する。

解 $\displaystyle\sum_{k=1}^{n}(k+1)(k-1)=\sum_{k=1}^{n}(k^2-1)=\sum_{k=1}^{n}k^2-\sum_{k=1}^{n}1$ 　　　　　←第 k 項 $(k+1)(k-1)$ を展開する。

$$=\frac{1}{6}n(n+1)(2n+1)-n$$

$$=\frac{1}{6}n\{(n+1)(2n+1)-6\}$$ 　　　　←$\frac{1}{6}n$ をくくり出す。

$$=\frac{1}{6}n(2n^2+3n-5)$$

$$=\frac{1}{6}n(2n+5)(n-1)$$

◆ Σの計算

25a 次の和を求めよ。

$$\sum_{k=1}^{n}(6k^2+2k-1)$$

25b 次の和を求めよ。

$$\sum_{k=1}^{n}(3k^2-5k)$$

26a 次の和を求めよ。

$$\sum_{k=1}^{n} 2k(3k-2)$$

26b 次の和を求めよ。

$$\sum_{k=1}^{n} (3k-1)(k+1)$$

◆ 数列の和

27a 次の数列の和 S_n を求めよ。

$2\cdot3,\ 3\cdot4,\ 4\cdot5,\ \cdots\cdots,\ (n+1)(n+2)$

27b 次の数列の和 S_n を求めよ。

$1\cdot2,\ 3\cdot4,\ 5\cdot6,\ \cdots\cdots,\ (2n-1)\cdot2n$

▶ p.50 補充問題 **6**

次の数列$\{a_n\}$の一般項を求めよ。

$$2,\ 3,\ 6,\ 11,\ 18,\ 27,\ \cdots\cdots$$

まず，階差数列を調べ，その一般項を求める。

(解) 数列$\{a_n\}$の階差数列は　　$1,\ 3,\ 5,\ 7,\ 9,\ \cdots\cdots$

その一般項をb_nとすると　　$b_n = 1 + (n-1) \times 2 = 2n - 1$

よって，$n \geqq 2$のとき

$$a_n = a_1 + \sum_{k=1}^{n-1}(2k-1) = 2 + 2\sum_{k=1}^{n-1}k - \sum_{k=1}^{n-1}1$$

$$= 2 + 2 \cdot \frac{1}{2}(n-1)n - (n-1)$$

$$= n^2 - 2n + 3$$

$a_n = n^2 - 2n + 3$に$n = 1$を代入すると，$a_1 = 2$が得られるから，

この式は$n = 1$のときも成り立つ。

したがって，一般項は　　$\boldsymbol{a_n = n^2 - 2n + 3}$

$\leftarrow$
$$\begin{array}{cccccc} 2 & 3 & 6 & 11 & 18 & 27\cdots\cdots \\ & \vee & \vee & \vee & \vee & \vee \\ & 1 & 3 & 5 & 7 & 9\cdots\cdots \end{array}$$

$\leftarrow \displaystyle\sum_{k=1}^{\square}k = \frac{1}{2}\square(\square+1),$

$\displaystyle\sum_{k=1}^{\square}c = c \times \square$（$c$は定数）

の$\square$に$n-1$を代入する。

$\leftarrow n \geqq 2$で成り立つ式であるから，$n = 1$のときにも成り立つかどうかを調べる。

◆ **階差数列の一般項**

28a 次の数列$\{a_n\}$について，階差数列の一般項b_nを求めよ。

(1) $1,\ 3,\ 9,\ 19,\ 33,\ \cdots\cdots$

28b 次の数列$\{a_n\}$について，階差数列の一般項b_nを求めよ。

(1) $2,\ 0,\ 1,\ 5,\ 12,\ \cdots\cdots$

(2) $1,\ 2,\ 4,\ 8,\ 16,\ \cdots\cdots$

(2) $1,\ 4,\ 13,\ 40,\ 121,\ \cdots\cdots$

基本事項　階差数列と一般項

数列$\{a_n\}$の階差数列を$\{b_n\}$とすると　　　$n \geqq 2$のとき　　$a_n = a_1 + \displaystyle\sum_{k=1}^{n-1}b_k$

◆ 階差数列の利用

29a 次の数列 $\{a_n\}$ の一般項を求めよ。

(1) $-3,\ 0,\ 6,\ 15,\ 27,\ \cdots\cdots$

29b 次の数列 $\{a_n\}$ の一般項を求めよ。

(1) $4,\ 5,\ 8,\ 13,\ 20,\ \cdots\cdots$

(2) $2,\ 3,\ 5,\ 9,\ 17,\ \cdots\cdots$

(2) $-2,\ -1,\ 2,\ 11,\ 38,\ \cdots\cdots$

10 数列の和と一般項

例 10 数列の和と一般項

初項から第 n 項までの和 S_n が，$S_n=n^2+3n$ で表される数列 $\{a_n\}$ の一般項を求めよ。

ポイント！

$n=1$ のときと，$n \geqq 2$ のときに分けて考える。

（解） 初項は　　　$a_1=S_1=1^2+3\cdot1=4$

$n \geqq 2$ のとき　$a_n=S_n-S_{n-1}$

$\qquad\qquad\qquad =n^2+3n-\{(n-1)^2+3(n-1)\}$

$\qquad\qquad\qquad =2n+2$

$a_n=2n+2$ に $n=1$ を代入すると，$a_1=4$ が得られるから，この式は $n=1$ のときも成り立つ。

よって，一般項は　$\boldsymbol{a_n=2n+2}$

← S_{n-1} は，S_n の n に $n-1$ を代入したものである。

← $n \geqq 2$ で成り立つ式であるから，$n=1$ のときも成り立つかどうかを調べる。

◆ 数列の和と一般項

30a 初項から第 n 項までの和 S_n が，$S_n=n^2-4n$ で表される数列 $\{a_n\}$ の一般項を求めよ。

30b 初項から第 n 項までの和 S_n が，$S_n=2n^2+5n$ で表される数列 $\{a_n\}$ の一般項を求めよ。

基本事項 数列の和と一般項

数列 $\{a_n\}$ の初項から第 n 項までの和を S_n とすると

$\qquad\qquad a_1=S_1$

$\quad n \geqq 2$ のとき　　$a_n=S_n-S_{n-1}$

◆ 数列の和と一般項

31a 初項から第 n 項までの和 S_n が，$S_n=3^n-1$ で表される数列 $\{a_n\}$ の一般項を求めよ。

31b 初項から第 n 項までの和 S_n が，$S_n=5^n-1$ で表される数列 $\{a_n\}$ の一般項を求めよ。

◆ 数列の和と一般項（初項が異なる場合）

32a 初項から第 n 項までの和 S_n が，$S_n=n^2+1$ で表される数列 $\{a_n\}$ の一般項を求めよ。

32b 初項から第 n 項までの和 S_n が，$S_n=2^{n+1}$ で表される数列 $\{a_n\}$ の一般項を求めよ。

ヒント 32 $n \geqq 2$ のときに求めた a_n の式が $n=1$ のときに成り立たないときは，答えは「$a_1=\bigcirc$，$n \geqq 2$ のとき $a_n=\boxed{}$」のように表す。

例 **11** $a_{n+1}=a_n+(n \text{ の式})$ の形の漸化式

次の初項，漸化式で定められる数列 $\{a_n\}$ の一般項を求めよ。

$$a_1=7, \qquad a_{n+1}=a_n+4n$$

$a_{n+1}-a_n=4n$ であるから，階差数列を利用する。

(解) 漸化式を変形すると $a_{n+1}-a_n=4n$

ここで，数列 $\{a_n\}$ の階差数列を $\{b_n\}$ とすると，

$b_n=a_{n+1}-a_n$ であるから $b_n=4n$

よって，$n \geqq 2$ のとき

$$a_n=a_1+\sum_{k=1}^{n-1}4k=7+4\cdot\frac{1}{2}(n-1)n=2n^2-2n+7$$

$a_n=2n^2-2n+7$ に $n=1$ を代入すると，$a_1=7$ が得られるから，この式は $n=1$ のときも成り立つ。

したがって，一般項は $\boldsymbol{a_n=2n^2-2n+7}$

← $n \geqq 2$ で成り立つ式であるから，$n=1$ のときも成り立つかどうかを調べる。

◆ 漸化式

33a 次の初項，漸化式で定められる数列 $\{a_n\}$ の第 2 項から第 5 項までを求めよ。

(1) $a_1=2, \quad a_{n+1}=3a_n+1$

33b 次の初項，漸化式で定められる数列 $\{a_n\}$ の第 2 項から第 5 項までを求めよ。

(1) $a_1=3, \quad a_{n+1}=2a_n-1$

(2) $a_1=3, \quad a_{n+1}=a_n+n$

(2) $a_1=1, \quad a_{n+1}=(n+1)a_n$

帰納的定義

数列 $\{a_n\}$ について，次の[1]，[2]を与えると，数列はただ 1 通りに定まる。

　　　[1] 初項 a_1 の値　　　[2] a_n から a_{n+1} を求める関係式

[2]のような，隣り合う項の間の関係式を漸化式という。

◆ 漸化式で表された等差数列，等比数列

34a 次の初項，漸化式で定められる数列 $\{a_n\}$ の一般項を求めよ。

(1) $a_1=5, \quad a_{n+1}=a_n+2$

(2) $a_1=2, \quad a_{n+1}=3a_n$

34b 次の初項，漸化式で定められる数列 $\{a_n\}$ の一般項を求めよ。

(1) $a_1=-2, \quad a_{n+1}=a_n-3$

(2) $a_1=1, \quad a_{n+1}=2a_n$

◆ $a_{n+1}=a_n+(n\,の式)$ の形の漸化式

35a 次の初項，漸化式で定められる数列 $\{a_n\}$ の一般項を求めよ。

$a_1=1, \quad a_{n+1}=a_n+2n-1$

35b 次の初項，漸化式で定められる数列 $\{a_n\}$ の一般項を求めよ。

$a_1=0, \quad a_{n+1}=a_n+n^2$

例 12 $a_{n+1}=pa_n+q$ の形の漸化式

次の初項，漸化式で定められる数列 $\{a_n\}$ の一般項を求めよ。

$$a_1=2, \quad a_{n+1}=3a_n+2$$

ポイント!

$\alpha=3\alpha+2$ を満たす α を用いて，漸化式を変形する。

(解) 漸化式 $a_{n+1}=3a_n+2$ を変形すると $\qquad a_{n+1}+1=3(a_n+1)$

これより，数列 $\{a_n+1\}$ は，

初項 $a_1+1=2+1=3$，公比 3 の等比数列

であるから，数列 $\{a_n+1\}$ の一般項は

$$a_n+1=3\cdot3^{n-1}=3^n$$

よって，求める一般項は $\quad \boldsymbol{a_n=3^n-1}$

← 漸化式 $a_{n+1}=3a_n+2$ は，
$$\alpha=3\alpha+2$$
の解 $\alpha=-1$ を用いて
$$a_{n+1}-(-1)=3\{a_n-(-1)\}$$
と変形できる。

◆ $a_{n+1}-\alpha=p(a_n-\alpha)$ の形の漸化式

36a 次の初項，漸化式で定められる数列 $\{a_n\}$ の一般項を求めよ。

$$a_1=1, \quad a_{n+1}-2=3(a_n-2)$$

36b 次の初項，漸化式で定められる数列 $\{a_n\}$ の一般項を求めよ。

$$a_1=3, \quad a_{n+1}+1=-5(a_n+1)$$

◆ $a_{n+1}-\alpha=p(a_n-\alpha)$ の形への変形

37a 次の漸化式を $a_{n+1}-\alpha=p(a_n-\alpha)$ の形に変形せよ。

(1) $a_{n+1}=2a_n-7$

37b 次の漸化式を $a_{n+1}-\alpha=p(a_n-\alpha)$ の形に変形せよ。

(1) $a_{n+1}=4a_n+3$

(2) $a_{n+1}=-2a_n-6$

(2) $a_{n+1}=\dfrac{1}{2}a_n+1$

◆ $a_{n+1} = pa_n + q$ の形の漸化式

38a 次の初項，漸化式で定められる数列 $\{a_n\}$ の一般項を求めよ。

(1) $a_1 = 6$, $a_{n+1} = 3a_n - 4$

38b 次の初項，漸化式で定められる数列 $\{a_n\}$ の一般項を求めよ。

(1) $a_1 = 2$, $a_{n+1} = 2a_n + 2$

(2) $a_1 = 4$, $a_{n+1} = -2a_n + 3$

(2) $a_1 = 1$, $a_{n+1} = -3a_n + 8$

例13 数学的帰納法による等式の証明

すべての自然数 n について，次の等式が成り立つことを数学的帰納法によって証明せよ。

$$1+2+2^2+\cdots\cdots+2^{n-1}=2^n-1 \qquad \cdots\cdots①$$

ポイント！

$n=k$ のときに成り立つと仮定した式を利用して，$n=k+1$ のときも等式が成り立つことを示す。

解 [1] $n=1$ のとき　（左辺）$=1$，　（右辺）$=2^1-1=1$

よって，①は成り立つ。

← $n=1$ のとき，成り立つことを示す。

[2] $n=k$ のとき①が成り立つと仮定すると

$$1+2+2^2+\cdots\cdots+2^{k-1}=2^k-1 \qquad \cdots\cdots②$$

$n=k+1$ のとき，①の左辺を②を用いて変形すると

$$（左辺）=\underline{1+2+2^2+\cdots\cdots+2^{k-1}}+2^{(k+1)-1}$$
$$=2^k-1+2^k$$
$$=2\cdot2^k-1=2^{k+1}-1=（右辺）$$

よって，$n=k+1$ のときも①が成り立つ。

[1]，[2]から，すべての自然数 n について①が成り立つ。

← $n=k$ のとき，成り立つと仮定する。

← 仮定を利用して，$n=k+1$ のときも成り立つことを示す。

◆**数学的帰納法による等式の証明**

39a すべての自然数 n について，次の等式が成り立つことを数学的帰納法によって証明せよ。

$$3+5+7+\cdots\cdots+(2n+1)=n(n+2) \qquad \cdots\cdots①$$

数学的帰納法

自然数 n についての命題 P がすべての自然数 n について成り立つことを証明するには，次の[1]，[2]を示せばよい。

[1] $n=1$ のとき，P が成り立つ。

[2] $n=k$ のとき P が成り立つと仮定すると，$n=k+1$ のときも P が成り立つ。

39b すべての自然数 n について，次の等式が成り立つことを数学的帰納法によって証明せよ。

$$1^2+3^2+5^2+\cdots\cdots+(2n-1)^2=\frac{1}{3}n(2n-1)(2n+1) \quad \cdots\cdots①$$

14 確率変数と確率分布

例14 確率変数と確率分布

大，小2個のさいころを同時に投げるとき，目の和 X の確率分布を求めよ。また，確率 $P(7 \leqq X \leqq 9)$ を求めよ。

ポイント

大，小2個のさいころの目の出方を表にまとめる。

(解) 2個のさいころの目の出方は，積の法則により

$$6 \times 6 = 36 \text{（通り）}$$

あり，これらは同様に確からしい。

X は2から12までの整数の値をとり，その確率分布は次のようになる。

X	2	3	4	5	6	7	8	9	10	11	12	計
P	$\frac{1}{36}$	$\frac{2}{36}$	$\frac{3}{36}$	$\frac{4}{36}$	$\frac{5}{36}$	$\frac{6}{36}$	$\frac{5}{36}$	$\frac{4}{36}$	$\frac{3}{36}$	$\frac{2}{36}$	$\frac{1}{36}$	1

また　$P(7 \leqq X \leqq 9) = \dfrac{6}{36} + \dfrac{5}{36} + \dfrac{4}{36} = \dfrac{15}{36} = \dfrac{5}{12}$

大＼小	1	2	3	4	5	6
1	2	3	4	5	6	7
2	3	4	5	6	7	8
3	4	5	6	7	8	9
4	5	6	7	8	9	10
5	6	7	8	9	10	11
6	7	8	9	10	11	12

◆ 確率変数と確率分布

40a 3枚の硬貨を同時に投げるとき，裏の出る枚数 X の確率分布を求めよ。

40b 2枚の10円硬貨を同時に投げるとき，表の出た硬貨の合計金額 X の確率分布を求めよ。

基本事項 確率変数

① 試行の結果によってその値をとる確率が定まる変数 X を確率変数という。

② 確率変数 X がとる値 x_1, x_2, x_3, $\cdots$, x_n と，X がそれらの値をとる確率 p_1, p_2, p_3, $\cdots$, p_n との対応関係を X の確率分布という。
ただし　$p_1 + p_2 + p_3 + \cdots + p_n = 1$

X	x_1	x_2	x_3	$\cdots$	x_n	計
P	p_1	p_2	p_3	$\cdots$	p_n	1

③ 確率変数 X が1つの値 a をとる確率を $P(X=a)$，X が a 以上 b 以下の値をとる確率を $P(a \leqq X \leqq b)$ で表す。

検印

◆確率変数と確率分布

41a 例14において，次の確率を求めよ。

(1) $P(X=10)$

(2) $P(3 \leq X \leq 6)$

(3) $P(X \geq 9)$

41b 赤玉4個と白玉3個が入っている袋から同時に3個の玉を取り出すとき，赤玉が出た個数をXとする。次の確率を求めよ。

(1) $P(X=1)$

(2) $P(2 \leq X \leq 3)$

▶ p.51 補充問題 **7**

例15 確率変数Xの平均・分散・標準偏差

2枚の硬貨を同時に投げたとき，裏の出る枚数Xの平均，分散，標準偏差を求めよ。

ポイント！
まず，確率分布を求めてから考える。

(解) Xの確率分布は右の表のようになる。

X	0	1	2	計
P	$\dfrac{1}{4}$	$\dfrac{2}{4}$	$\dfrac{1}{4}$	1

$$E(X)=0\times\frac{1}{4}+1\times\frac{2}{4}+2\times\frac{1}{4}=1 \text{ (枚)}$$

$$V(X)=E(X^2)-\{E(X)\}^2=\left(0^2\times\frac{1}{4}+1^2\times\frac{2}{4}+2^2\times\frac{1}{4}\right)-1^2=\frac{1}{2}$$

$$\sigma(X)=\sqrt{V(X)}=\sqrt{\frac{1}{2}}=\frac{\sqrt{2}}{2} \text{ (枚)}$$

◆ 確率変数Xの平均

42a 1から5までの数字が書かれた5個の玉が入った袋から玉を1個取り出すとき，取り出した玉の数字の平均を求めよ。

42b 総数100本のくじに，右の表のような賞金がついている。このくじを1本引くとき，賞金の平均を求めよ。

	賞金	本数
1等	10000円	2本
2等	5000円	10本
3等	1000円	20本
4等	100円	68本
計		100本

基本事項 確率変数Xの確率分布が右の表で与えられているとき

X	x_1	x_2	x_3	$\cdots$	x_n	計
P	p_1	p_2	p_3	$\cdots$	p_n	1

(1) 確率変数Xの平均(期待値)は

$$E(X)=x_1p_1+x_2p_2+x_3p_3+\cdots\cdots+x_np_n=\sum_{k=1}^{n}x_kp_k$$

(2) 確率変数Xの平均を$E(X)=m$とするとき，$X-m$を偏差という。また，偏差の2乗$(X-m)^2$の平均を確率変数Xの分散といい，$V(X)$で表す。分散の計算は次の2つの方法がある。

① $V(X)=E((X-m)^2)=\sum_{k=1}^{n}(x_k-m)^2p_k$ 　② $V(X)=E(X^2)-\{E(X)\}^2$

(3) 確率変数Xの分布の散らばり具合を表す値として，分散$V(X)$の正の平方根を用いる場合がある。これをXの標準偏差といい，$\sigma(X)$で表す。

$$\sigma(X)=\sqrt{V(X)}$$

◆ 確率変数Xの平均・分散・標準偏差

43a 大，小2個のさいころを同時に投げるとき，1の目が出る個数Xの平均，分散，標準偏差を求めよ。

43b 赤玉5個と白玉3個が入っている袋から，同時に2個の玉を取り出すとき，赤玉の個数Xの平均，分散，標準偏差を求めよ。

◆ 確率変数Xの平均・分散・標準偏差

44a 3枚の10円硬貨を同時に投げるとき，表の出た硬貨の合計金額Xの平均，分散，標準偏差を求めよ。

44b 100円硬貨1枚，10円硬貨1枚を同時に投げるとき，表の出た硬貨の合計金額Xの平均，分散，標準偏差を求めよ。

例 16 確率変数 $aX+b$ の平均・標準偏差

150円払って，1個のさいころを1回投げ，60円に出た目 X を掛けた金額の賞金をもらえるものとする。このとき，利益の平均と標準偏差を求めよ。

ポイント！

まず，さいころの出た目 X についての平均，標準偏差を求める。次に，それを利用して，利益の平均，標準偏差を求める。

解

$E(X)=1\cdot\dfrac{1}{6}+2\cdot\dfrac{1}{6}+3\cdot\dfrac{1}{6}+4\cdot\dfrac{1}{6}+5\cdot\dfrac{1}{6}+6\cdot\dfrac{1}{6}=\dfrac{7}{2}$

$\sigma(X)=\sqrt{V(X)}=\sqrt{E(X^2)-\{E(X)\}^2}$

$\quad=\sqrt{\left(1^2\cdot\dfrac{1}{6}+2^2\cdot\dfrac{1}{6}+3^2\cdot\dfrac{1}{6}+4^2\cdot\dfrac{1}{6}+5^2\cdot\dfrac{1}{6}+6^2\cdot\dfrac{1}{6}\right)-\left(\dfrac{7}{2}\right)^2}$

$\quad=\sqrt{\dfrac{35}{12}}=\dfrac{\sqrt{105}}{6}$

賞金は $60X$ (円) であるから，利益は $60X-150$ (円) となる。　　←賞金から参加料を引く。

利益の平均は $E(60X-150)=60E(X)-150=\mathbf{60}$ （円）

標準偏差は $\sigma(60X-150)=60\cdot\sigma(X)=\mathbf{10\sqrt{105}}$ （円）

◆ **確率変数 $aX+b$ の平均・分散・標準偏差**

45a 確率変数 X の平均が 2，分散が 5 であるとする。確率変数 $Y=5X-2$ の平均，分散，標準偏差を求めよ。

45b 確率変数 X の平均が -3，分散が16であるとする。確率変数 $Y=3X+9$ の平均，分散，標準偏差を求めよ。

基本事項 確率変数 $aX+b$ の平均・分散・標準偏差

a, b を定数とするとき

$E(aX+b)=aE(X)+b$, $\qquad V(aX+b)=a^2V(X)$, $\qquad \sigma(aX+b)=|a|\sigma(X)$

46a 200円払って，3枚の100円硬貨を同時に投げ，表が出た硬貨を賞金としてもらえるものとする。表が X 枚出て Y 円の利益があるとき，利益の平均 $E(Y)$ と標準偏差 $\sigma(Y)$ を求めよ。

46b 数字 1，2，3 を書いた玉がそれぞれ 1 個，2 個，2 個のあわせて 5 個が入った袋がある。200円払って，袋の中から 1 個玉を取り出し，取り出した玉の数字に100円を掛けた金額を賞金としてもらえるものとする。取り出した玉の数字を X，利益を Y 円として，利益の平均 $E(Y)$ と標準偏差 $\sigma(Y)$ を求めよ。

例 17 二項分布

1組52枚のトランプの中から1枚引き，カードの種類を記録してもとに戻す。この試行を3回くり返すとき，次の問いに答えよ。

(1) ダイヤが出る回数Xの確率分布を求めよ。

(2) ダイヤが2回以上出る確率を求めよ。

ポイント!

(1) 1枚引いてダイヤが出る確率を求め，二項分布を求める。

(解) 各回の試行は独立で，1回の試行でダイヤが出る確率は $\dfrac{13}{52}=\dfrac{1}{4}$ である。

よって，ダイヤが出る回数Xは二項分布 $B\left(3, \dfrac{1}{4}\right)$ にしたがう。

(1) 3回の試行のうち，ダイヤがr回出る確率は

$${}_3\mathrm{C}_r\left(\dfrac{1}{4}\right)^r\left(\dfrac{3}{4}\right)^{3-r} \quad (r=0,\ 1,\ 2,\ 3)$$

である。したがってXの確率分布は右の表のようになる。

X	0	1	2	3	計
P	$\dfrac{27}{64}$	$\dfrac{27}{64}$	$\dfrac{9}{64}$	$\dfrac{1}{64}$	1

(2) (1)の結果より，ダイヤが2回以上出る確率は

$$P(X \geqq 2)=\dfrac{9}{64}+\dfrac{1}{64}=\dfrac{10}{64}=\dfrac{5}{32}$$

◆二項分布

47a 1枚の硬貨を4回投げるとき，表が出る回数Xの確率分布を求めよ。また，どのような二項分布にしたがうか。

47b 赤玉2個と白玉6個が入っている袋から玉を1個取り出し，色を記録してもとに戻す。この試行を4回くり返すとき，赤玉が出る回数Xの確率分布を求めよ。また，どのような二項分布にしたがうか。

基本事項 二項分布

1回の試行で事象Aの起こる確率がpであるとき，その余事象の確率を$q=1-p$とする。この独立な試行をn回くり返すとき，事象Aの起こる回数をXとすると，$X=r$である確率は

$$P(X=r)={}_n\mathrm{C}_r p^r q^{n-r} \quad (r=0,\ 1,\ 2,\ \cdots\cdots,\ n)$$

このような確率分布を二項分布といい，$B(n,\ p)$で表す。また，確率変数Xは二項分布 $B(n,\ p)$ にしたがうという。

◆二項分布

48a 赤玉4個と白玉2個が入っている袋から玉を1個取り出し，色を記録してもとに戻す。この試行を5回くり返すとき，次の問いに答えよ。

(1) 赤玉が出る回数Xの確率分布を求めよ。

48b 1個のさいころを5回投げるとき，次の問いに答えよ。

(1) 奇数の目が出る回数Xの確率分布を求めよ。

(2) 赤玉が3回以上出る確率を求めよ。

(2) 奇数の目の出る回数が3回以下となる確率を求めよ。

例18 二項分布の平均・標準偏差

1個のさいころを45回投げるとき，3以上の目が出る回数をXとする。このとき，Xの平均と標準偏差を求めよ。

> **ポイント！**
> Xの二項分布$B(n, p)$を求める。

(解) Xは二項分布$B\left(45, \dfrac{2}{3}\right)$にしたがう。

よって，平均$E(X)$，標準偏差$\sigma(X)$は，それぞれ

$E(X)=45\cdot\dfrac{2}{3}=30$ （回）

$\sigma(X)=\sqrt{45\cdot\dfrac{2}{3}\cdot\dfrac{1}{3}}=\sqrt{10}$ （回）

← 1回の試行で3以上の目が出る確率は $\dfrac{4}{6}=\dfrac{2}{3}$

← $n=45$, $p=\dfrac{2}{3}$

← $q=1-p=1-\dfrac{2}{3}=\dfrac{1}{3}$

◆二項分布の平均・分散・標準偏差

49a 確率変数Xが次の二項分布にしたがうとき，Xの平均，分散，標準偏差を求めよ。

(1) $B\left(8, \dfrac{1}{2}\right)$

(2) $B\left(300, \dfrac{1}{3}\right)$

49b 確率変数Xが次の二項分布にしたがうとき，Xの平均，分散，標準偏差を求めよ。

(1) $B\left(9, \dfrac{2}{3}\right)$

(2) $B\left(500, \dfrac{1}{4}\right)$

基本事項 二項分布の平均・分散・標準偏差

確率変数Xが二項分布$B(n, p)$にしたがうとき

$E(X)=np$, $V(X)=npq$, $\sigma(X)=\sqrt{npq}$　　ただし　$q=1-p$

◆二項分布の平均・標準偏差

50a 1個のさいころを30回投げるとき，3の倍数の目が出る回数Xの平均と標準偏差を求めよ。

50b 1枚の硬貨を40回投げるとき，表が出る回数Xの平均と標準偏差を求めよ。

◆二項分布の利用

51a 5％の不良品を含むネジの山がある。この中から200個のネジを取り出したとき，その中に含まれる不良品の個数Xの平均と標準偏差を求めよ。

51b ある自動販売機は飲み物を1本買うとルーレットが回り始め，4％の確率で当たりが出る。400人が1人1本ずつ飲み物を買ったとき，当たった人数Xの平均と標準偏差を求めよ。

ヒント 51 aは1個のネジを取り出すことを200回，bは飲み物1本を買うことを400回くり返す反復試行とみなして考える。

例 19 確率変数の標準化

確率変数 X が $N(4, 3^2)$ にしたがうとき，$P(-2 \leqq X \leqq 7)$ を求めよ。

ポイント！

$m=4$，$\sigma=3$ として，確率変数を標準化する。

解 $Z = \dfrac{X-4}{3}$ とおくと，確率変数 Z は $N(0, 1)$ にしたがう。

$X=-2$ のとき $Z=-2$，$X=7$ のとき $Z=1$ であるから

$P(-2 \leqq X \leqq 7) = P(-2 \leqq Z \leqq 1)$

$\qquad\qquad\qquad = P(-2 \leqq Z \leqq 0) + P(0 \leqq Z \leqq 1)$

$\qquad\qquad\qquad = P(0 \leqq Z \leqq 2) + P(0 \leqq Z \leqq 1)$ ← $P(-2 \leqq Z \leqq 0) = P(0 \leqq Z \leqq 2)$

$\qquad\qquad\qquad = 0.4772 + 0.3413 = \mathbf{0.8185}$

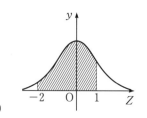

◆ 確率密度関数と確率

52a 確率変数 X のとり得る値 x の範囲が $0 \leqq x \leqq 1$ で，その確率密度関数が

$\qquad f(x) = 2x \quad (0 \leqq x \leqq 1)$

で表されるとき，次の確率を求めよ。

(1) $P\left(0 \leqq X \leqq \dfrac{1}{4}\right)$

52b 確率変数 X のとり得る値 x の範囲が $0 \leqq x \leqq 2$ で，その確率密度関数が

$\qquad f(x) = -\dfrac{1}{2}x + 1 \quad (0 \leqq x \leqq 2)$

で表されるとき，次の確率を求めよ。

(1) $P(1 \leqq X \leqq 2)$

(2) $P\left(\dfrac{1}{2} \leqq X \leqq 1\right)$

(2) $P(0 \leqq X \leqq 1)$

基本事項

(1) **正規分布の平均・標準偏差**

確率変数 X が正規分布 $N(m, \sigma^2)$ にしたがうとき　$E(X)=m$，$\sigma(X)=\sigma$

(2) **確率変数の標準化**

確率変数 X が正規分布 $N(m, \sigma^2)$ にしたがうとき，$Z = \dfrac{X-m}{\sigma}$ とおくと，確率変数 Z は標準正規分布 $N(0, 1)$ にしたがう。

◆ 標準正規分布と確率

53a 確率変数 Z が $N(0, 1)$ にしたがうとき，正規分布表を利用して，次の確率を求めよ。

(1) $P(2 \leqq Z \leqq 3)$

(2) $P(Z \geqq 3.14)$

53b 確率変数 Z が $N(0, 1)$ にしたがうとき，正規分布表を利用して，次の確率を求めよ。

(1) $P(Z < 2.53)$

(2) $P(-0.62 \leqq Z \leqq 0.62)$

◆ 確率変数の標準化

54a 確率変数 X が $N(4, 2^2)$ にしたがうとき，$P(2 \leqq X \leqq 8)$ を求めよ。

54b 確率変数 X が $N(-2, 4^2)$ にしたがうとき，$P(6 \leqq X \leqq 9)$ を求めよ。

▶ p.51 補充問題 9

20 正規分布の利用，二項分布の正規分布による近似

例 20 正規分布の利用

ある高校の 2 年生男子100人の身長の平均は 170 cm，標準偏差は 5 cm である。この身長の分布を正規分布とみなすとき，身長が 180 cm 以上の生徒は，およそ何人いるか。

ポイント
$m=170$，$\sigma=5$ として，確率変数を標準化する。

解 身長を X cm とすると，X は $N(170,\ 5^2)$にしたがうから

$$Z=\frac{X-170}{5}$$

とおくと，Z は $N(0,\ 1)$にしたがう。

$X=180$ のとき，$Z=2$ であるから

$$P(X\geqq 180)=P(Z\geqq 2)=P(Z\geqq 0)-P(0\leqq Z\leqq 2)$$
$$=0.5-0.4772=0.0228$$

したがって，身長 180 cm 以上の人数は　$100\times 0.0228=2.28$

答　およそ 2 人

◆正規分布の利用

55a あるクラス30人の数学のテストの点数の平均は60点，標準偏差は10点である。このテストの得点の分布を正規分布とみなすとき，テストの得点が50点以下の生徒は，およそ何人いるか。

55b ある高校の 2 年生男子150人の身長の平均は 170 cm，標準偏差は 5 cm である。この身長の分布を正規分布とみなすとき，身長が 165 cm 以上 175 cm 以下の生徒は，およそ何人いるか。

基本事項 二項分布の正規分布による近似

二項分布 $B(n,\ p)$にしたがう確率変数Xは，n が十分大きいならば，
近似的に正規分布 $N(np,\ npq)$にしたがう。ただし $q=1-p$

また，このとき，$Z=\dfrac{X-np}{\sqrt{np(1-p)}}$ とすると，確率変数Zは近似的に標準正規分布 $N(0,\ 1)$にしたがう。

◆二項分布の正規分布による近似

56a 1枚の硬貨を2500回投げる。表が出る回数をXとするとき，次の問いに答えよ。

(1) $1240 \leqq X \leqq 1260$ となる確率を求めよ。

56b 1個のさいころを450回投げる。3の倍数の目が出る回数をXとするとき，次の問いに答えよ。

(1) $150 \leqq X \leqq 160$ となる確率を求めよ。

(2) $1300 \leqq X \leqq 1320$ となる確率を求めよ。

(2) $X \geqq 170$ となる確率を求めよ。

ヒント **56** 確率変数Xの二項分布$B(n, p)$を求める。試行回数が十分大きいので正規分布で近似し，確率変数Xを標準化する。

例 21 母集団の分布

1, 2, 3, 4, 5 の数字を1つずつ書いた玉が袋に入っている。
これら5個の玉を母集団とし，玉の数字を変量Xとする。
Xの母集団分布を求めよ。また，母平均mと母標準偏差σを求めよ。

（解） Xの母集団分布は右の表のようになる。
また，母平均m，母標準偏差σは

X	1	2	3	4	5	計
P	$\dfrac{1}{5}$	$\dfrac{1}{5}$	$\dfrac{1}{5}$	$\dfrac{1}{5}$	$\dfrac{1}{5}$	1

$$m=1\cdot\frac{1}{5}+2\cdot\frac{1}{5}+3\cdot\frac{1}{5}+4\cdot\frac{1}{5}+5\cdot\frac{1}{5}=3$$

$$\sigma=\sqrt{\left(1^2\cdot\frac{1}{5}+2^2\cdot\frac{1}{5}+3^2\cdot\frac{1}{5}+4^2\cdot\frac{1}{5}+5^2\cdot\frac{1}{5}\right)-3^2}=\sqrt{2}$$

◆ 標本調査

57a 次の調査は，全数調査，標本調査のどちらであるか。

(1) ある会社の製造した電球の耐久時間の調査

(2) 全国学力テストの成績

(3) テレビの視聴率

57b 次の調査は，全数調査，標本調査のどちらであるか。

(1) 航空機に乗る前の手荷物検査

(2) 湖にすむある魚の数

(3) 学校で行われる歯科検診

基本事項

(1) 標本調査
 ① 集団を作る各要素のある特性を表す数を変量という。
 ② 集団に対してある変量を統計調査するとき，集団全体をもれなく調べる全数調査と，集団の一部を調べ，その結果から集団全体の性質を推測する標本調査がある。
 ③ 調査の対象となる集団全体を母集団といい，母集団に含まれる要素の個数を母集団の大きさという。
 ④ 母集団から取り出された要素の集まりを標本といい，標本に含まれる要素の個数を標本の大きさという。
 ⑤ 標本を取り出すことを抽出するという。

(2) 復元抽出と非復元抽出
　母集団から要素を1個取り出したらもとに戻し，改めてまた1個取り出すことをくり返す方法を復元抽出という。これに対して，一度取り出した要素はもとに戻さず，続けて取り出す方法を非復元抽出という。

(3) 母集団の分布
　母集団における確率変数Xの確率分布を母集団分布という。また，確率変数Xの平均$E(X)$，分散$V(X)$，標準偏差$\sigma(X)$をそれぞれ母平均，母分散，母標準偏差という。

58a トランプのハートのカードを13枚用意する。このカード13枚を母集団として，大きさ2の標本を抽出する。このとき，次の問いに答えよ。

(1) 復元抽出する場合，標本は何通りあるか。

(2) 非復元抽出する場合，標本は何通りあるか。

58b 1, 2, 3, 4, 5 の数字を1つずつ書いた玉が袋に入っている。これら5個の玉を母集団として，大きさ3の標本を抽出する。このとき，次の問いに答えよ。

(1) 復元抽出する場合，標本は何通りあるか。

(2) 非復元抽出する場合，標本は何通りあるか。

◆ 母集団の分布

59a 2, 3, 5, 7 の数字を1つずつ書いた玉が袋に入っている。これら4個の玉を母集団とし，玉の数字を変量Xとする。Xの母集団分布を求めよ。また，母平均mと母標準偏差σを求めよ。

59b 1, 2, 3 の数字を1つずつ書いたカードがそれぞれ4枚，2枚，2枚ある。これら8枚のカードを母集団とし，カードの数字を変量Xとする。Xの母集団分布を求めよ。また，母平均mと母標準偏差σを求めよ。

例 22 標本平均の分布の利用

ある県の18歳女子の身長は，平均 158 cm，標準偏差 5 cm の正規分布にしたがうという。無作為に25人を抽出したとき，その標本平均 $\overline{X}$ が 160 cm 以上である確率を求めよ。

$m=158$，$\sigma=5$，$n=25$ として標準化した確率変数が $N(0,\ 1)$ にしたがうことを利用する。

(解) 母集団分布が正規分布 $N(158,\ 5^2)$ であるから，標本平均 $\overline{X}$ は

正規分布 $N\left(158,\ \dfrac{5^2}{25}\right)$ にしたがう。

よって，標準化した確率変数 $Z=\dfrac{\overline{X}-158}{\dfrac{5}{\sqrt{25}}}=\overline{X}-158$

は標準正規分布 $N(0,\ 1)$ にしたがう。

$\overline{X}=160$ のとき，$Z=2$ であるから，求める確率は

$$P(\overline{X}\geqq160)=P(Z\geqq2)=P(Z\geqq0)-P(0\leqq Z\leqq2)$$
$$=0.5-0.4772=\mathbf{0.0228}$$

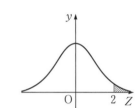

◆ 標本平均の確率分布

60a 4，6，8，10 の数字を1つずつ書いた4個の玉を袋に入れて，これら4つの数字を母集団とする。大きさ2の標本を復元抽出するとき，標本平均 $\overline{X}$ の確率分布を求めよ。

60b 1，3，3，5 の数字を1つずつ書いた4個の玉を袋に入れて，これら4つの数字を母集団とする。大きさ2の標本を復元抽出するとき，標本平均 $\overline{X}$ の確率分布を求めよ。

基本事項

(1) **標本平均** 　復元抽出によって母集団から無作為抽出した大きさ n の標本の変量を $X_1,\ X_2,\ X_3,\ \cdots\cdots,\ X_n$ とする。この平均を標本平均といい，$\overline{X}$ で表す。
$$\overline{X}=\frac{X_1+X_2+X_3+\cdots\cdots+X_n}{n}$$

(2) **標本平均の平均と標準偏差** 　母平均 m，母標準偏差 σ の母集団から，大きさ n の標本を復元抽出するとき，標本平均 $\overline{X}$ の平均 $E(\overline{X})$，標準偏差 $\sigma(\overline{X})$ は 　$E(\overline{X})=m$，$\sigma(\overline{X})=\dfrac{\sigma}{\sqrt{n}}$

(3) **標本平均の確率分布** 　母平均 m，母標準偏差 σ の母集団から，大きさ n の標本を無作為抽出するとき，n が大きいならば，標本平均 $\overline{X}$ の分布は，正規分布 $N\left(m,\ \dfrac{\sigma^2}{n}\right)$ で近似できる。また，標本平均 $\overline{X}$ を標準化した確率変数 $Z=\dfrac{\overline{X}-m}{\dfrac{\sigma}{\sqrt{n}}}$ は，近似的に標準正規分布 $N(0,\ 1)$ にしたがう。

◆標本平均の平均と標準偏差

61a 母平均64，母標準偏差15の母集団から，大きさ100の標本を復元抽出するとき，標本平均 $\overline{X}$ の平均 $E(\overline{X})$ と標準偏差 $\sigma(\overline{X})$ を求めよ。

61b 母平均123，母標準偏差22の母集団から，大きさ64の標本を復元抽出するとき，標本平均 $\overline{X}$ の平均 $E(\overline{X})$ と標準偏差 $\sigma(\overline{X})$ を求めよ。

◆標本平均の分布の利用

62a ある県の16歳男子の身長は，平均165 cm，標準偏差8 cmの正規分布にしたがうという。無作為に16人を抽出したとき，その標本平均 $\overline{X}$ が160 cm 以下である確率を求めよ。

62b 全国の高校2年生を対象とした数学のテストの得点は，平均72点，標準偏差12点の正規分布にしたがうという。無作為に36人を抽出したとき，その標本平均 $\overline{X}$ が75点以上である確率を求めよ。

ある県の16歳男子の中から，100人を無作為抽出して身長を測定
したところ，標本平均が165.0cm，標本標準偏差が7.0cmであ
った。この県の16歳男子の平均身長 m を信頼度95％で推定せよ。

ポイント！

標本の数100は大きいから，母
標準偏差のかわりに，標本標準
偏差を用いる。

解 標本の数100は大きいから，母標準偏差を標本標準偏差7.0で代
用できる。標本平均は $\overline{X}=165.0$ であるから，母平均に対する
信頼度95％の信頼区間は

$$165.0-1.96\times\frac{7.0}{\sqrt{100}}\leqq m\leqq165.0+1.96\times\frac{7.0}{\sqrt{100}}$$

すなわち　$163.628\leqq m\leqq166.372$

したがって，平均身長は **163.6cm 以上 166.4cm 以下**と推定で
きる。　　　　　　　　　　　　　　　　　　　　　　　　← 信頼区間の幅は広げて答える。

◆ **母平均の推定**

63a 母標準偏差10の母集団から大きさ400の標本を無作為抽出した。その標本平均の値が30で
あるとき，母平均 m を信頼度95％で推定せよ。

63b 母標準偏差 6 の母集団から大きさ144の標本を無作為抽出した。その標本平均の値が25で
あるとき，母平均 m を信頼度95％で推定せよ。

基本事項

(1) **母平均の推定**　　母標準偏差 σ の母集団から大きさ n の標本を無作為抽出し，その標本平均を $\overline{x}$ とすると，n
が大きいならば，母平均 m に対する信頼区間は

① 信頼度95％では　$\overline{x}-1.96\cdot\dfrac{\sigma}{\sqrt{n}}\leqq m\leqq\overline{x}+1.96\cdot\dfrac{\sigma}{\sqrt{n}}$

② 信頼度99％では　$\overline{x}-2.58\cdot\dfrac{\sigma}{\sqrt{n}}\leqq m\leqq\overline{x}+2.58\cdot\dfrac{\sigma}{\sqrt{n}}$

(2) **母比率の推定**　　母集団から大きさ n の標本を無作為抽出し，標本比率を $\overline{p}$ とする。n が大きいならば，母
比率 p に対する信頼区間は

① 信頼度95％では　$\overline{p}-1.96\sqrt{\dfrac{\overline{p}(1-\overline{p})}{n}}\leqq p\leqq\overline{p}+1.96\sqrt{\dfrac{\overline{p}(1-\overline{p})}{n}}$

② 信頼度99％では　$\overline{p}-2.58\sqrt{\dfrac{\overline{p}(1-\overline{p})}{n}}\leqq p\leqq\overline{p}+2.58\sqrt{\dfrac{\overline{p}(1-\overline{p})}{n}}$

64a ある会社で製造している電球から，49個を無作為抽出して寿命時間を調べると，平均は1500時間，標準偏差は150時間であった。この電球の平均寿命時間 m を，信頼度95％で推定せよ。

64b ある高校の2年生を対象に数学のテストを実施し，受けた人のうち36人を無作為抽出した。36人の得点の平均は70点，標準偏差は15点であった。2年生全体の得点の平均 m を，信頼度95％で推定せよ。

◆ 母比率の推定

65a 全校生徒の中から無作為抽出した100人のうち，けさ朝食を食べた人は90人いた。全校生徒のうち，けさ朝食を食べた人の比率 p を，信頼度95％で推定せよ。

65b ある工場で作られたネジのうち，600個を無作為抽出して検査したところ，24個の不良品があった。この工場で作られたネジの不良品の比率 p を，信頼度95％で推定せよ。

ヒント **65** 標本の数が大きいから，求める比率 p の標本比率を求めて母比率の推定の式に代入する。

補充問題

1 〈等差数列〉次の等差数列$\{a_n\}$の一般項を求めよ。　▶ p.4 例 **2**
- (1) 初項 2，公差 4
- (2) 初項 -5，公差 -3

- (3) $-2,\ 1,\ 4,\ 7,\ \cdots\cdots$
- (4) $6,\ -2,\ -10,\ -18,\ \cdots\cdots$

- (5) 第 5 項が 8，第11項が38
- (6) 第 2 項が -4，第 5 項が -13

2 〈等差数列の和〉次の等差数列の和を求めよ。　▶ p.6 例 **3**
- (1) 初項 -3，公差 2，項数12
- (2) $21,\ 24,\ 27,\ 30,\ \cdots\cdots$ の初項から第 n 項まで

- (3) $5,\ 2,\ -1,\ -4,\ \cdots\cdots,\ -25$

3 〈等比数列〉次の等比数列$\{a_n\}$の一般項を求めよ。 ▶ p.8 例 **4**

(1) 初項 4，公比 -3

(2) 初項 -5，公比 $\dfrac{1}{2}$

(3) $1,\ \dfrac{1}{3},\ \dfrac{1}{9},\ \dfrac{1}{27},\ \cdots\cdots$

(4) $-3,\ 6,\ -12,\ 24,\ \cdots\cdots$

(5) 第 3 項が36，第 5 項が 4

4 〈等比数列の和〉次の等比数列の初項から第 n 項までの和 S_n を求めよ。 ▶ p.10 例 **5**

(1) 初項 8，公比 -3

(2) 初項 4，公比 $\dfrac{1}{5}$

(3) $8,\ 12,\ 18,\ 27,\ \cdots\cdots$

(4) $5,\ -5,\ 5,\ -5,\ \cdots\cdots$

5 〈Σの計算〉次の和を求めよ。　▶ p.14 **例** **7**

(1) $\displaystyle\sum_{k=1}^{n} 3 \cdot 7^{k-1}$

(2) $\displaystyle\sum_{k=1}^{n} 6^k$

(3) $\displaystyle\sum_{k=1}^{n} (6k-1)$

(4) $\displaystyle\sum_{k=1}^{n} (3k+6)$

(5) $\displaystyle\sum_{k=1}^{n-1} 4k$

(6) $\displaystyle\sum_{k=1}^{n-1} (5k+2)$

6 〈Σの計算〉次の和を求めよ。　▶ p.16 **例** **8**

(1) $\displaystyle\sum_{k=1}^{n} (k^2-k+1)$

(2) $\displaystyle\sum_{k=1}^{n} (3k+1)^2$

7 〈確率変数と確率分布〉当たりくじが 3 本入った10本のくじから同時にくじを 4 本引くとき，引いた当たりくじの本数 X の確率分布を求めよ。また，確率 $P(X \leqq 1)$ を求めよ。 ▶ p.28 例 14

8 〈確率変数 X の平均・分散・標準偏差〉袋の中に，1，2，3，4 と書かれたカードが，それぞれ 4 枚，3 枚，2 枚，1 枚入っている。この袋から 1 枚のカードを取り出すとき，カードに書かれている数字 X の平均，分散，標準偏差を求めよ。 ▶ p.30 例 15

9 〈正規分布〉次の問いに答えよ。 ▶ p.38 例 19

(1) 確率変数 Z が $N(0, 1)$ にしたがうとき，正規分布表を利用して，次の確率を求めよ。

① $P(Z \leqq -1.3)$ ② $P(-2 \leqq Z \leqq 1)$

(2) 確率変数 X が正規分布 $N(3, 2^2)$ にしたがうとき，$P(X \geqq 6)$ を求めよ。

解 答

1a (1) 25 (2) 18
(3) -27 (4) 15

1b (1) 125 (2) 3
(3) 16 (4) 34

2a 初項 4, 末項19, 項数 6

2b 初項 3, 末項47, 項数 9

3a $a_n=4n$

3b $a_n=3^n$

4a $a_1=-2$, $a_2=1$, $a_3=4$, $a_4=7$, $a_5=10$

4b $a_1=1$, $a_2=6$, $a_3=15$, $a_4=28$, $a_5=45$

5a $a_1=-4$, $a_2=1$, $a_3=6$, $a_4=11$

5b $a_1=10$, $a_2=8$, $a_3=6$, $a_4=4$

6a (1) $a_n=3n-5$, $a_8=19$
(2) $a_n=2n+2$, $a_8=18$

6b (1) $a_n=-\dfrac{1}{2}n+\dfrac{9}{2}$, $a_8=\dfrac{1}{2}$
(2) $a_n=-3n+11$, $a_8=-13$

7a 第46項

7b 第123項

8a (1) $a_n=6n-10$
(2) $a_n=-2n+3$

8b (1) $a_n=-3n+12$
(2) $a_n=4n-6$

9a (1) 120
(2) 495
(3) $\dfrac{1}{2}n(3n-7)$

9b (1) 3
(2) 530
(3) $n(10-n)$

10a 729

10b -200

11a 624

11b 2842

12a $a_1=32$, $a_2=16$, $a_3=8$, $a_4=4$

12b $a_1=-2$, $a_2=6$, $a_3=-18$, $a_4=54$

13a (1) $a_n=2\times\left(\dfrac{1}{3}\right)^{n-1}$, $a_6=\dfrac{2}{243}$
(2) $a_n=8\times\left(\dfrac{1}{2}\right)^{n-1}$, $a_6=\dfrac{1}{4}$

13b (1) $a_n=6\times(-2)^{n-1}$, $a_6=-192$
(2) $a_n=(\sqrt{2})^{n-1}$, $a_6=4\sqrt{2}$

14a 第5項

14b 第5項

15a $a_n=3\times2^{n-1}$ または $a_n=-3\times(-2)^{n-1}$

15b $a_n=2\times3^{n-1}$ または $a_n=2\times(-3)^{n-1}$

16a (1) 242 (2) 129

16b (1) 1023 (2) 63

17a (1) 2^n-1
(2) $6\left\{1-\left(\dfrac{1}{2}\right)^n\right\}$
(3) $1-(-3)^n$

17b (1) $2\{1-(-2)^n\}$
(2) $9\left\{1-\left(-\dfrac{1}{3}\right)^n\right\}$
(3) $16\left\{1-\left(\dfrac{1}{2}\right)^n\right\}$

18a (1) 91 (2) 1015

18b (1) 385 (2) 5525

19a 271

19b 2085

20a (1) $1+4+7+10+13$
(2) $-2+4-8+\cdots\cdots+(-2)^n$
(3) $2+5+10+\cdots\cdots+(n^2+1)$

20b (1) $4+9+16+25+36+49$
(2) $1+\dfrac{1}{2}+\dfrac{1}{3}+\cdots\cdots+\dfrac{1}{n}$
(3) $2+4+6+\cdots\cdots+2(n-1)$

21a (1) $\displaystyle\sum_{k=1}^{n}(2k+3)$
(2) $\displaystyle\sum_{k=1}^{n}2^k$
(3) $\displaystyle\sum_{k=1}^{n}(k+3)^2$

21b (1) $\displaystyle\sum_{k=1}^{n}(4k-1)$
(2) $\displaystyle\sum_{k=1}^{n}3^{k-1}$
(3) $\displaystyle\sum_{k=1}^{n}(k+1)(k+2)$

22a (1) 120
(2) $\dfrac{1}{6}(n+1)(n+2)(2n+3)$

22b (1) 91
(2) $n(2n+1)$

23a (1) 364
(2) $3(2^n-1)$

23b (1) $2(3^n-1)$
(2) $4(2^n-1)$

24a (1) 155
(2) $n(n+4)$
(3) $2(n-1)(n+3)$

24b (1) 1070
(2) $n(4n-3)$

41b (1) $\dfrac{12}{35}$　　(2) $\dfrac{22}{35}$

42a 3

42b 968円

43a $E(X)=\dfrac{1}{3}$(個), $V(X)=\dfrac{5}{18}$, $\sigma(X)=\dfrac{\sqrt{10}}{6}$(個)

43b $E(X)=\dfrac{5}{4}$(個), $V(X)=\dfrac{45}{112}$, $\sigma(X)=\dfrac{3\sqrt{35}}{28}$(個)

44a $E(X)=15$(円), $V(X)=75$, $\sigma(X)=5\sqrt{3}$(円)

44b $E(X)=55$(円), $V(X)=2525$, $\sigma(X)=5\sqrt{101}$(円)

45a $E(Y)=8$, $V(Y)=125$, $\sigma(Y)=5\sqrt{5}$

45b $E(Y)=0$, $V(Y)=144$, $\sigma(Y)=12$

46a $E(Y)=-50$(円), $\sigma(Y)=50\sqrt{3}$(円)

46b $E(Y)=20$(円), $\sigma(Y)=20\sqrt{14}$(円)

47a

X	0	1	2	3	4	計
P	$\dfrac{1}{16}$	$\dfrac{4}{16}$	$\dfrac{6}{16}$	$\dfrac{4}{16}$	$\dfrac{1}{16}$	1

回数Xは二項分布$B\left(4,\dfrac{1}{2}\right)$にしたがう。

47b

X	0	1	2	3	4	計
P	$\dfrac{81}{256}$	$\dfrac{108}{256}$	$\dfrac{54}{256}$	$\dfrac{12}{256}$	$\dfrac{1}{256}$	1

回数Xは二項分布$B\left(4,\dfrac{1}{4}\right)$にしたがう。

48a (1)

X	0	1	2	3	4	5	計
P	$\dfrac{1}{243}$	$\dfrac{10}{243}$	$\dfrac{40}{243}$	$\dfrac{80}{243}$	$\dfrac{80}{243}$	$\dfrac{32}{243}$	1

(2) $\dfrac{64}{81}$

48b (1)

X	0	1	2	3	4	5	計
P	$\dfrac{1}{32}$	$\dfrac{5}{32}$	$\dfrac{10}{32}$	$\dfrac{10}{32}$	$\dfrac{5}{32}$	$\dfrac{1}{32}$	1

(2) $\dfrac{13}{16}$

49a (1) $E(X)=4$, $V(X)=2$, $\sigma(X)=\sqrt{2}$

(2) $E(X)=100$, $V(X)=\dfrac{200}{3}$, $\sigma(X)=\dfrac{10\sqrt{6}}{3}$

49b (1) $E(X)=6$, $V(X)=2$, $\sigma(X)=\sqrt{2}$

(2) $E(X)=125$, $V(X)=\dfrac{375}{4}$, $\sigma(X)=\dfrac{5\sqrt{15}}{2}$

50a $E(X)=10$(回), $\sigma(X)=\dfrac{2\sqrt{15}}{3}$(回)

50b $E(X)=20$(回), $\sigma(X)=\sqrt{10}$(回)

51a $E(X)=10$(個), $\sigma(X)=\dfrac{\sqrt{38}}{2}$(個)

51b $E(X)=16$(人), $\sigma(X)=\dfrac{8\sqrt{6}}{5}$(人)

52a (1) $\dfrac{1}{16}$　　(2) $\dfrac{3}{4}$

52b (1) $\dfrac{1}{4}$　　(2) $\dfrac{3}{4}$

53a (1) 0.0215　　(2) 0.0008

53b (1) 0.9943　　(2) 0.4648

54a 0.8185

54b 0.0198

55a およそ5人

55b およそ102人

56a (1) 0.3108　　(2) 0.0202

56b (1) 0.3413　　(2) 0.0228

57a (1) 標本調査
(2) 全数調査
(3) 標本調査

57b (1) 全数調査
(2) 標本調査
(3) 全数調査

58a (1) 169通り
(2) 156通り

58b (1) 125通り
(2) 60通り

59a

X	2	3	5	7	計
P	$\dfrac{1}{4}$	$\dfrac{1}{4}$	$\dfrac{1}{4}$	$\dfrac{1}{4}$	1

$m=\dfrac{17}{4}$, $\sigma=\dfrac{\sqrt{59}}{4}$

59b

X	1	2	3	計
P	$\dfrac{1}{2}$	$\dfrac{1}{4}$	$\dfrac{1}{4}$	1

$m=\dfrac{7}{4}$, $\sigma=\dfrac{\sqrt{11}}{4}$

60a

$\overline{X}$	4	5	6	7	8	9	10	計
P	$\dfrac{1}{16}$	$\dfrac{2}{16}$	$\dfrac{3}{16}$	$\dfrac{4}{16}$	$\dfrac{3}{16}$	$\dfrac{2}{16}$	$\dfrac{1}{16}$	1

60b

$\overline{X}$	1	2	3	4	5	計
P	$\dfrac{1}{16}$	$\dfrac{4}{16}$	$\dfrac{6}{16}$	$\dfrac{4}{16}$	$\dfrac{1}{16}$	1

61a $E(\overline{X})=64$, $\sigma(\overline{X})=\dfrac{3}{2}$

61b $E(\overline{X})=123$, $\sigma(\overline{X})=\dfrac{11}{4}$

62a 0.0062

62b 0.0668

63a $29.02\leqq m\leqq30.98$

63b $24.02\leqq m\leqq25.98$

64a 1458時間以上1542時間以下

64b 65点以上75点以下

65a 84.1%以上95.9%以下

65b 2.4%以上5.6%以下

1 (1) $a_n = 4n - 2$

 (2) $a_n = -3n - 2$

 (3) $a_n = 3n - 5$

 (4) $a_n = -8n + 14$

 (5) $a_n = 5n - 17$

 (6) $a_n = -3n + 2$

2 (1) 96

 (2) $\dfrac{3}{2}n(n+13)$

 (3) -110

3 (1) $a_n = 4 \times (-3)^{n-1}$

 (2) $a_n = -5 \times \left(\dfrac{1}{2}\right)^{n-1}$

 (3) $a_n = \left(\dfrac{1}{3}\right)^{n-1}$

 (4) $a_n = -3 \times (-2)^{n-1}$

 (5) $a_n = 324 \times \left(\dfrac{1}{3}\right)^{n-1}$ または $a_n = 324 \times \left(-\dfrac{1}{3}\right)^{n-1}$

4 (1) $2\{1 - (-3)^n\}$

 (2) $5\left\{1 - \left(\dfrac{1}{5}\right)^n\right\}$

 (3) $16\left\{\left(\dfrac{3}{2}\right)^n - 1\right\}$

 (4) $\dfrac{5}{2}\{1 - (-1)^n\}$

5 (1) $\dfrac{1}{2}(7^n - 1)$

 (2) $\dfrac{6}{5}(6^n - 1)$

 (3) $n(3n + 2)$

 (4) $\dfrac{3}{2}n(n + 5)$

 (5) $2n(n - 1)$

 (6) $\dfrac{1}{2}(n-1)(5n+4)$

6 (1) $\dfrac{1}{3}n(n^2 + 2)$

 (2) $\dfrac{1}{2}n(6n^2 + 15n + 11)$

7

X	0	1	2	3	計
P	$\dfrac{35}{210}$	$\dfrac{105}{210}$	$\dfrac{63}{210}$	$\dfrac{7}{210}$	1

$P(X \le 1) = \dfrac{2}{3}$

8 $E(X) = 2$, $V(X) = 1$, $\sigma(X) = 1$

9 (1) ① 0.0968　　② 0.8185

 (2) 0.0668

正規分布表

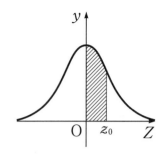

z_0	0	1	2	3	4	5	6	7	8	9
0.0	.0000	.0040	.0080	.0120	.0160	.0199	.0239	.0279	.0319	.0359
0.1	.0398	.0438	.0478	.0517	.0557	.0596	.0636	.0675	.0714	.0753
0.2	.0793	.0832	.0871	.0910	.0948	.0987	.1026	.1064	.1103	.1141
0.3	.1179	.1217	.1255	.1293	.1331	.1368	.1406	.1443	.1480	.1517
0.4	.1554	.1591	.1628	.1664	.1700	.1736	.1772	.1808	.1844	.1879
0.5	.1915	.1950	.1985	.2019	.2054	.2088	.2123	.2157	.2190	.2224
0.6	.2257	.2291	.2324	.2357	.2389	.2422	.2454	.2486	.2517	.2549
0.7	.2580	.2611	.2642	.2673	.2704	.2734	.2764	.2794	.2823	.2852
0.8	.2881	.2910	.2939	.2967	.2995	.3023	.3051	.3078	.3106	.3133
0.9	.3159	.3186	.3212	.3238	.3264	.3289	.3315	.3340	.3365	.3389
1.0	.3413	.3438	.3461	.3485	.3508	.3531	.3554	.3577	.3599	.3621
1.1	.3643	.3665	.3686	.3708	.3729	.3749	.3770	.3790	.3810	.3830
1.2	.3849	.3869	.3888	.3907	.3925	.3944	.3962	.3980	.3997	.4015
1.3	.4032	.4049	.4066	.4082	.4099	.4115	.4131	.4147	.4162	.4177
1.4	.4192	.4207	.4222	.4236	.4251	.4265	.4279	.4292	.4306	.4319
1.5	.4332	.4345	.4357	.4370	.4382	.4394	.4406	.4418	.4429	.4441
1.6	.4452	.4463	.4474	.4484	.4495	.4505	.4515	.4525	.4535	.4545
1.7	.4554	.4564	.4573	.4582	.4591	.4599	.4608	.4616	.4625	.4633
1.8	.4641	.4649	.4656	.4664	.4671	.4678	.4686	.4693	.4699	.4706
1.9	.4713	.4719	.4726	.4732	.4738	.4744	.4750	.4756	.4761	.4767
2.0	.4772	.4778	.4783	.4788	.4793	.4798	.4803	.4808	.4812	.4817
2.1	.4821	.4826	.4830	.4834	.4838	.4842	.4846	.4850	.4854	.4857
2.2	.4861	.4864	.4868	.4871	.4875	.4878	.4881	.4884	.4887	.4890
2.3	.4893	.4896	.4898	.4901	.4904	.4906	.4909	.4911	.4913	.4916
2.4	.4918	.4920	.4922	.4925	.4927	.4929	.4931	.4932	.4934	.4936
2.5	.4938	.4940	.4941	.4943	.4945	.4946	.4948	.4949	.4951	.4952
2.6	.4953	.4955	.4956	.4957	.4959	.4960	.4961	.4962	.4963	.4964
2.7	.4965	.4966	.4967	.4968	.4969	.4970	.4971	.4972	.4973	.4974
2.8	.4974	.4975	.4976	.4977	.4977	.4978	.4979	.4979	.4980	.4981
2.9	.4981	.4982	.4982	.4983	.4984	.4984	.4985	.4985	.4986	.4986
3.0	.4987	.4987	.4987	.4988	.4988	.4989	.4989	.4989	.4990	.4990
3.1	.4990	.4991	.4991	.4991	.4992	.4992	.4992	.4992	.4993	.4993
3.2	.4993	.4993	.4994	.4994	.4994	.4994	.4994	.4995	.4995	.4995
3.3	.4995	.4995	.4995	.4996	.4996	.4996	.4996	.4996	.4996	.4997
3.4	.4997	.4997	.4997	.4997	.4997	.4997	.4997	.4997	.4997	.4998
3.5	.4998	.4998	.4998	.4998	.4998	.4998	.4998	.4998	.4998	.4998

新課程版　ネオパル数学 B

2023年1月10日　初版　　第1刷発行

編　者　第一学習社編集部

発行者　松　本　洋　介

発行所　株式会社 第一学習社

広島：広島市西区横川新町7番14号　〒733-8521 ☎082-234-6800
東京：東京都文京区本駒込5丁目16番7号　〒113-0021 ☎03-5834-2530
大阪：吹田市広芝町8番24号　〒564-0052 ☎06-6380-1391

札　　幌☎011-811-1848	仙台☎022-271-5313	新潟☎025-290-6077
つくば☎029-853-1080	東京☎03-5834-2530	横浜☎045-953-6191
名古屋☎052-769-1339	神戸☎078-937-0255	広島☎082-222-8565
福　　岡☎092-771-1651		

 訂正情報配信サイト 26924-01
利用に際しては，一般に，通信料が発生します。

https://dg-w.jp/f/25851

書籍コード　26924-01

＊落丁，乱丁本はおとりかえいたします。
解答は個人のお求めには応じられません。

ISBN978-4-8040-2692-3　　　　　ホームページ　http://www.daiichi-g.co.jp/

初項 a ，公差 d の等差数列 $\{a_n\}$ の一般項は

$$a_n = a + (n-1)d$$

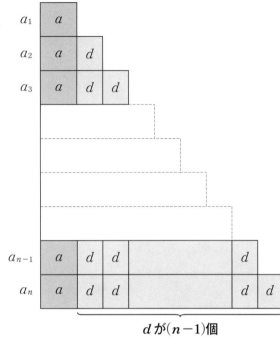

等差数列の初項から第 n 項までの和 S_n は，

初項 a ，末項 l のとき

$$S_n = \frac{1}{2}n(a+l)$$

初項 a ，公差 d のとき

$$S_n = \frac{1}{2}n\{2a+(n-1)d\}$$

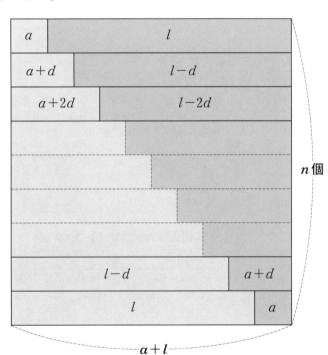